目錄

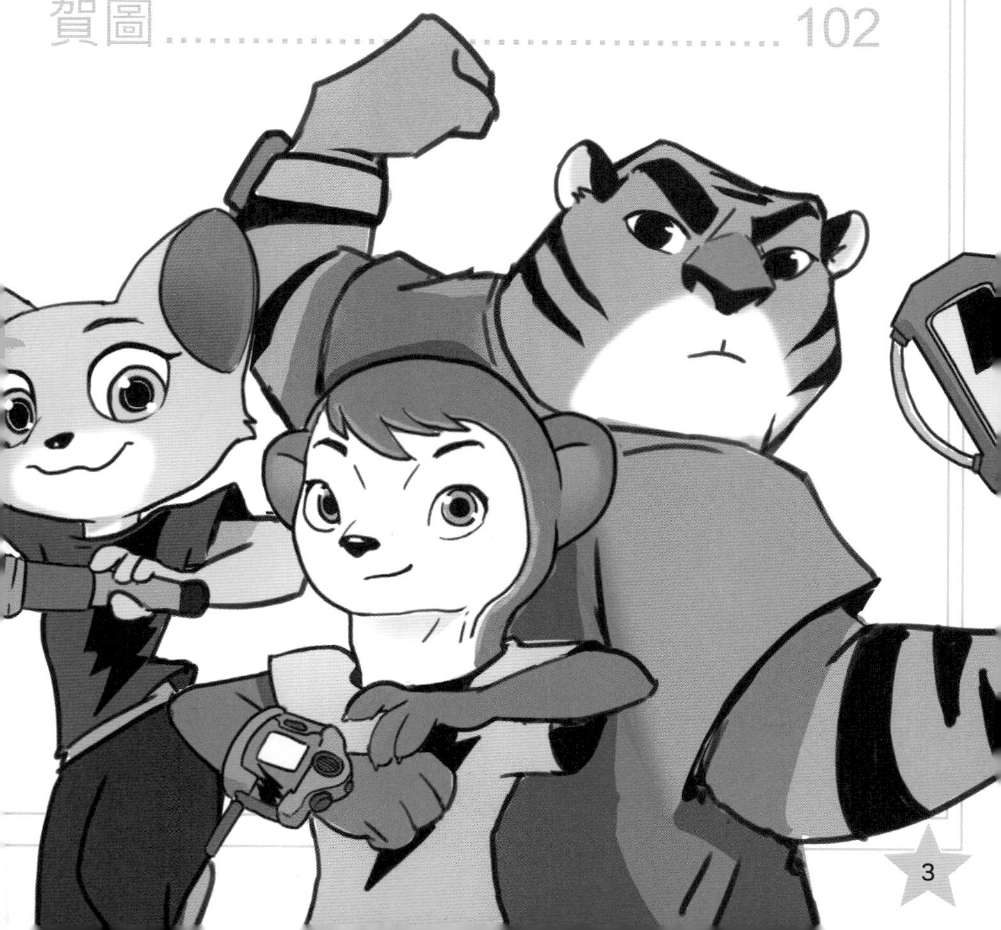

阿寶 Po

動物 / 水瀨 Otter

性別 / 男

年齡 / 8 歲

個性 / 心地善良、熱心助人、聰明

特徵 / 長長尾巴、藍色身軀、紅色耳朵

能力 / 海陸功能、用智慧破案

人物簡介

阿寶是動物偵探團的核心成員,雖然現在只是見習偵探,但夢想將來能成為跟爸爸一樣的名偵探,正努力地跟北極熊老師學習中。

4

記者貓 Zoey

動物 / 英國短毛貓 British Shorthair Cat

性別 / 女

年齡 / 7 歲

個性 / 好奇心強、富冒險精神

特徵 / 灰色身軀、綠色眼睛、相機從不離身

能力 / 善於攝影、身手敏捷

人物簡介

Zoey 是阿寶的朋友，志願是成為一名出色的記者，所以常常拿著相機，隨時隨地拍照。因此朋友多叫她做記者貓。

阿虎 Tiger

動物 / 老虎 Tiger
性別 / 男
年齡 / 9 歲
個性 / 正義感強、粗心大意
特徵 / 身形魁梧、力大無窮
能力 / 懂中國功夫

人物簡介

阿虎是動物偵探團鐵三角成員之一，因為他天生正義感強，更練得一身好武功，夢想是成為一名出色的武警。

北極熊老師

POLAR BEAR

動物 / 北極熊 Polar bear
性別 / 男
年齡 / 30 歲
個性 / 沉默寡言、大智慧型
特徵 / 穿吊帶褲
能力 / 驚人破案能力

人物簡介

北極熊老師是
一位著名偵
探，一直
關心地球
的溫室效
應問題，
希望可以
拯救北極融
冰的問題。

倉鼠100

動物 / 倉鼠 Hamster
性別 / 男
年齡 / 2-15 歲
個性 / 群體生活、有合作精神
特徵 / 細細粒、無處不在
能力 / 將工具箱送達

人物簡介

倉鼠100，由1號至100號
倉鼠兄弟組成。每一隻倉鼠負
責看守自己號碼的工具箱，他
們住在偵探社，內裡有不同管
道給他們四處走動。

偵探工具　Detective Gear

偵探工具 01

通話手錶

偵探團每一位新加入的成員，都會獲派一隻通話手錶，他們可以利用通話錶來傳遞訊息。

偵探工具 02

偵探筆

它既可以寫出普通文字，但只要筆頭一轉，就可以寫出隱形字，用來方便偵探之間在特殊情況下交換消息。將筆頭反轉就會見到紫光。

偵探工具 08
偵探潛望鏡

運用鏡子的光拆射原理製造出來的潛望鏡，備有伸縮功能，可以在隱蔽地方監視目標人物。

偵探工具 09
偵探變聲器

具備變聲功能，一般是用於電話上，通話時可以變成其他動物的聲音，來隱藏自己的真正身份。

偵探工具　Detective Gear

偵探工具 10

紅外線探測器

只要在適當地方裝上紅外線探測器，每當有動物經過紅外線範圍內，探測器便會發出警報提示。

偵探工具 12

偵探夜視鏡

擁有護目功能，左右兩邊可以彈出照明燈，方便夜間活動。

嘩嘩嘩嘩！！！
有很多**倉鼠**來了！

吱

吱

我會派出
偵探助理
幫助你們。

我們是**偵探助理**，

這是老師提供給你
的**偵探工具箱**。

多謝你們！

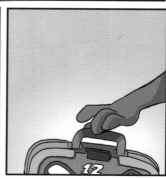

15

我是見習偵探**阿寶**,請問發生了什麼事?

話說當時我正在橋上運貨……

我是**快遞員阿豹**,事情是這樣的……

突然有一隻**河蝦**出現,偷走了貨物並跳進河裡逃走去了。

啊呀!

然後那隻河蝦拿著貨物，用高速向前逃走了！

牠一直向前游至河的末端就消失了！

麻煩你幫我找牠出來吧！

嘟!

嘟!

19

阿寶努力想像河蝦游泳的畫面……

真相之門，已經打開！
我知道答案了！

你在說謊！

你根本無可能看到河蝦拿著你的貨物向前游走！

23

生物小百科

蝦子

蝦子游泳和魚大不相同。魚擺動尾鰭就可以向前游了，而蝦沒有魚般的尾鰭，只有尾巴和許多小腿。

那麼，它是怎樣游泳的呢？

在網上有一些動物冷知識會說，蝦是不懂向前游泳，其實也不可說是完全正確。

因為蝦子能用腿做長距離游泳，游泳時那些腿便像木槳一般整齊而快速地向後划水，身體就徐徐向前驅動了。不過，向前撥水溜動，是不可以高速游水的。

蝦子在受驚嚇或自我保護時，腹部會敏捷地屈伸，尾部向下前方划水，便能連續向後躍動，一下一下的向後彈走，速度十分快捷呢！

北極蝦

蝦子的典型形象，擁有較長的腹部，與螃蟹短小的腹部明顯不同。蝦子的下腹有適用於游泳的足腿，頭胸甲呈圓柱形，而螃蟹的較為扁平。蝦子的觸角往往都很長，在個別品種上，甚至能超過其體長的兩倍。

生物學上，真蝦下目的「蝦」與螯蝦和螃蟹的關係更為接近，而與枝鰓亞目的「蝦」如對蝦關係較遠。北極蝦、褐蝦等均為真蝦下目。對蝦，儘管多指中國對蝦（明蝦），但一般是指枝鰓亞目下對蝦總科的動物，包括草蝦等廣泛食用的「大蝦」，以及大家熟悉的基圍蝦。

褐蝦

白對蝦

第二話
千面怪盜

傳說他可幻化成世上
不同的動物！

他可以幻化強壯的野豹……

敏捷的野貓……

夜視的貓頭鷹！
什麼都可以！

世間上從來沒有動物見過他真正的樣子！

他犯案無數，
而且行蹤神秘！

他就是……
千面怪盜！

收到可靠線報，**千面怪盜**再次出現！

由於任務艱難，我安排了另一位**見習偵探**來幫你。

Hello！

另一位……**見習偵探**？！

河馬集團

前面是目的地了。

動物偵探團……出發！

小朋友，這裡只招待河馬會員！

只限會員

34

有辦法了！

只要潛入水底，游到集團後面，便可以繞過守衛。

水流正常。

有事就用通話錶聯絡吧。

出發！

河馬集團
後花園

偷望

嘩！河馬，
全部都是河馬！

37

39

小偵探們！

44

河馬
生物小百科

河馬的汗是防曬液

河馬的頭部、背部和耳朵後面，會流出紅汗（深橘紅色），乍看之下好像是流血，其實剛流出來的時候是透明的，後來才開始變色。科學家收集起來分析成分，分離出了兩種主要色素：
紅色的稱為河馬汗酸；橘色的則稱為正河馬汗酸

這兩種色素的結構很接近苯胺基丙酸以及酪胺酸，吸光值在 200-600nm 之間，剛剛好是一般紫外線以及可見光的範圍，所以剛好可以用來防曬，而科學家又發現紅汗成分可以有效抑制有害細菌的生長。

由於河馬是一種領域性很重的動物，常常與其他河馬大打出手而受傷，這時身上的紅汗就可以避免傷口化膿惡化，就好像天然消毒藥水啊！

第三話
留堂的記者貓

記者貓為了採訪，忘了交功課，被老師罰留堂至傍晚。

此時，隔鄰傳來了掉破玻璃的聲音。

當我進入了漆黑的教員室，發現水缸破了！

水缸被打爛了！

這時候，
灰熊老師來了。

水缸是你打破的嗎？

老師……

55

翌日早上

阿寶

灰熊老師

我已經集齊那天晚上的人了，

你真的可找出犯人？

56

犯人……

就是你！
四眼鸚鵡！

你……你有什麼
證……據。

證據，

就是這些
玻璃碎片！

案發當日，
你偷了試卷……

小心

小心

小心

你想到了一個方法，

就是拿起後面的水缸，

打破它來弄亂地上的碎片！

砰砰

逃走時，卻遇上了記者貓！

為什麼記者貓會在此？

於是你就……

喵!! 喵!! 喵!! 喵!! 喵!!

於是你運用鸚鵡的模仿能力,扮貓叫!

是時候使用偵探工具了!

然後再從窗口逃走!

你戴著的方形新眼鏡,出賣了你!你就是犯人!

鸚鵡
生物小百科

鸚鵡不僅會學舌，智商還很高，有的鸚鵡的壽命甚至比人類還長！鸚鵡的口技，在鳥類中十分超群。非洲灰鸚鵡能發出近 200 種不同聲音，有種叫 Puck 的虎皮鸚鵡，更創下鳥類模仿人說話的單詞數量之最—1728 個單詞！

鸚鵡的模仿力和記憶力很強，所以不管是人類還是動物的聲音，它們都擅長模仿！鸚鵡的智商，相當於一個五、六歲的小孩子。曾有隻叫 Alex 的鸚鵡，可以單靠語音，識別超過 100 個不同的物體、動作和顏色，還可以識別某些物件的製造材料。

小朋友不要試圖戲弄牠們，牠們的報復心很強。如果鸚鵡向你索取香蕉，你卻給它堅果，它會沉默不語，直接拿東西砸你。鸚鵡能看見紫外線，而人類卻會因為過強的紫外線而變瞎。

鸚鵡學舌揭腦部結構特異鸚鵡之所以可學人類說話，過往研究一直指關鍵是牠們的腦部大小。但美國一項研究發表指出，真正關鍵在於鸚鵡的腦部結構，跟其他鳥類大不相同，令牠們學習和模仿聲音的能力大大提高。

這項由杜克大學進行的研究，比較了九個鸚鵡品種，如綠頰錐尾鸚鵡和雞尾鸚鵡，檢查牠們跟其他鳥類的分別。鳥類腦部內的核心區，控制牠們的語言學習，令牠們可以歌唱。然而，鸚鵡腦內核心區外圍擁有名為外殼區的部分，能夠學習發聲，專家認為這是牠們能說話的主要原因。

研究人員亦就鸚鵡的基因排列進行研究，發現最古老的鸚鵡品種新西蘭食肉鸚鵡，已擁有外殼區，但構造較簡單，反映這組神經元至少早於2千9百萬年前已存在。研究又發現，鸚鵡外殼區部分位置與腦內控制動作的地方相連，加上其基因的特殊排列，專家認為這解釋了為何鸚鵡可以隨音樂起舞。

66

兩個三位數相加得4位數...千位肯定是1 圓＝1!!!

■＋▲＝■ 那麼只有0加任何數才能得任何數 那麼 ▲＝0

1★■＋★■0＝101■

1＋★＝10 那麼★＝8或者9

假設★＝9

19■＋9■0＝101■

等式不成立

★＝8

18■＋8■0＝101■

■＝3

在這三張相片中，應該有一位是**企鵝老師的最愛**。

首先要**猜出**那隻企鵝是**老師的最愛**，

然後利用她的**名字**來**解碼**，機會只有一次！

石頭

鑽石

鮮花

小朋友，你也來猜猜誰是企鵝老師的最愛吧！

究竟哪個是？

就是她！

GIGI

momo

答案是
MOMO ！

因為企鵝在**求偶**時，牠們會在石堆內，

選出最好的**鵝蛋石**給女方，

然後女方會拿回家中收藏。

出來了！

竟然可在限時內逃出！

恭喜，寶藏就是這塊企鵝石頭，它是我跟最愛的結晶品來的。

謝謝……企鵝老師……

動物偵探團，逃出成功！

逃出成功

企鵝
生物小百科

企鵝的求偶

企鵝是群居動物，公企鵝會在眾多母企鵝中，找到一位牠最心儀的對象，再向牠「求婚」。

公企鵝向母企鵝的求婚禮是有儀式的，牠會叼一塊石頭，放在那位小姐腳下，然後對著小姐鞠躬。如果女方置之不理，代表不接受求婚。假若公企鵝仍不死心，愛定了對方，可以繼續追求。如果女士點頭回禮，接受了石頭，就表示接受對方了。

公企鵝就會興高采烈的忙起來，忙著去叼石頭給牠們兩口子蓋房子。

企鵝的住所是用小石頭蓋成的，有的要用八、九百塊石頭才能建成一個家。也有的，只用三、四百塊石頭來建築的。

81

廚藝學院

你好，兩位偵探。

綿羊老師，你好！

事情是這樣子的……

這幾天每逢下午

什麼？

都出現了一條尾巴

來偷我的蛋

我跟著那長尾巴
一直追

不要跑！

我往上層一直追
一直跑

很累啊！

它跑上天台

天台？
看你怎樣逃

然而，我在天台上四處看了多遍，也沒有動物蹤影。

**為什麼？
又消失在天台上！**

它就像幽靈般……
在天台消失了！

事情就是這樣，麻煩你們幫忙將那小偷找出來！

是時候用**偵探工具了**

那是疊羅漢嗎？

偵探工具箱，到達！

辛苦你們了！

偵探紅外線探測器！

它是有防盜功能的探測工具。

只要有動物經過範圍內，探測器就會發出警報。

嘟！
嘟！
嘟！

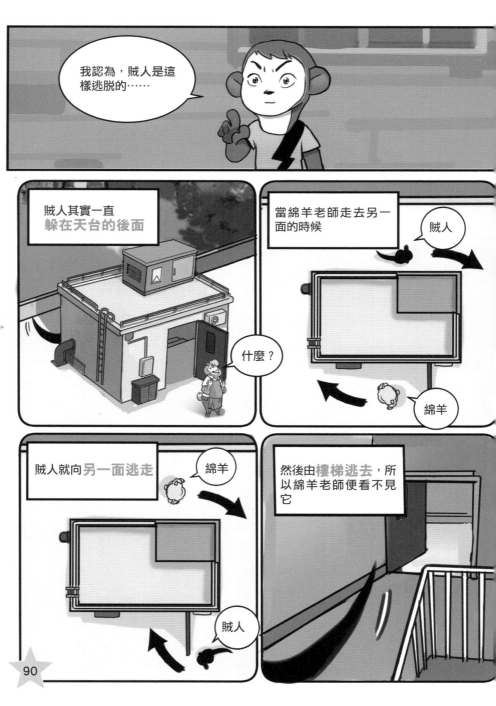

隻蛋不見了！
賊人出現了！

記者貓

來了嗎？

可不可以替我
去另一個地方
⋯⋯

嘟 嘟
嘟

賊人就由我
來追吧！

真相之門，已經打開！

賊人……

就是蛇王陳！

東南亞樹林中，有種蛇叫天堂樹蛇，可以在空中滑翔！

97

飛蛇能夠讓身體呈扁平狀，好似飛盤一般，因而延長滑翔距離。牠們還可以在飛行中，扭動身體，改變飛行方向！

這只是你説的，你有什麼證據？

天堂樹蛇
生物小百科

天堂樹蛇分佈在南亞和東南亞的濕地叢林中，體長 1 至 1.2 米之間。在飛行前，天堂樹蛇會爬到高處的樹枝上，由於牠腹部的鱗片很硬，能夠靈活地攀附樹節等凸出部位。它會先用尾巴鉤住樹枝，讓身體挺直，看上去很像字母"J"，接著猛地一彈，就從樹枝上高高躍下。

在飛行過程中它的身體會不停扭動呈 S 形，就像在空氣中游泳一樣。天堂樹蛇每次飛行的最大航程能超過 100 米，還能在空中做 90 度轉彎。這種功夫實在令人嘆為觀止。

與其他會飛的非鳥類動物如飛鼠和飛蜥蜴不同，天堂樹蛇並沒有附翼等輔助結構，牠憑藉的是實實在在的「輕氣功」。

在飛行過程中，牠們平均每秒收一次腹，使整個身體變得扁平，像一個倒扣的 "U" 形管，有如一個降落傘，在下落過程中增加空氣對身體的阻力，延長飛行時間。

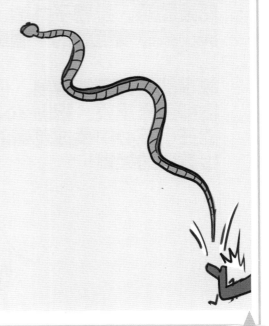

繽紛趣緻的《動物偵探團》

以動物為主角的兒童漫畫歷久不衰
以偵探為主題的故事也是長青之選

Bobby新作的《動物偵探團》，則
是結合了兩者的賣點，將小動物的
知識融匯在簡單諧趣的故事之中，
並以繽紛的色彩和親和的角色，當
中更不忘為孩子留有思考發問的空
間，讓幼年的小孩享受一趟新穎的
閱讀體驗，是親子共讀、促進爸媽
與小孩感情互動的一個良好選擇。

故事能發芽可能容易，但要育苗成
樹卻困難重重，祝願Bobby的新作
能在小孩心中長成茂盛的小樹，結
出豐盛的果實！

多利_STEM 少年偵探團主筆

祝Bobby新作「ZOOTECTIVE」一紙風行！

月牙2019

月牙_大偵探福爾摩斯漫畫版主筆

誰吃了我的雞腿？

圖・文：灰若

《ZOOTECTIVE》角色設計鮮明，故事有趣，每一話都透過故事情節帶出動物不同的特性，有些動物的冷知識連我也不知道呢！相信學生們會看得很開心。

灰若_人氣漫畫家&小學老師

賀!!

茶里 😜
2019.6

恭喜Bobby出書！很榮幸能被邀請撰文呢！
這本書用了可愛的動物們作爲主角，
看著角色們怎樣運用聰明智慧解決各種意外事件，
不但能享受故事的樂趣，同時還能學習各種知識，
讓人看了一回後就很想烤蝦子來吃...不對，
就很想追看下去！相信你也會跟我一樣吧！

茶里_27萬網紅人氣漫畫家

動物偵探團
冇得頂!

老夫子_王澤

《動物偵探團 1》

■系　　　列：柴娃娃系列
■作　　　者：波比人
■出　版　人：Raymond Lam
■責任編輯：菲比
■封面設計：波比人、史迪
■內文設計：史迪
■出　　　版：火柴頭工作室有限公司 Match Media Ltd.
■電　　　郵：info@matchmediahk.com
■發　　　行：泛華發行代理有限公司
　　　　　　　九龍將軍澳工業邨駿昌街7號 2 樓
■承　　　印：藍馬柯式印務有限公司
　　　　　　　香港柴灣新業街5號王子工業大廈12樓
■出版日期：2019年7月初版
■定　　　價：HK$68
■ISBN　　：978-988-79963-4-7
■建議上架：兒童圖書

看到悶了嗎?

是啊,看了幾十期
內容也差不多
有沒有新的東西
可以看啊?

看看這本吧!!
會帶給你
新鮮感的!!

動物偵探團,出動!

全港最獨特動物偵探兒童漫畫
集合益智偵探 + STEM 趣味道具 + 動物小百科元素
老夫子王澤誠意推薦

NT$320
定價:HK$68

ISBN 978-988-79963-4-7

火柴頭工作室
MATCH MEDIA Ltd
上架建議:兒童圖書

9 789887 996347